U0262780

没有围墙的住宅小区
——新加坡案例分析

王春能　王春玲　郎永霞　编著

中国建筑工业出版社

图书在版编目（CIP）数据

没有围墙的住宅小区——新加坡案例分析／王春能，王春玲，郎永霞编著. —北京：中国建筑工业出版社，2017.1

ISBN 978-7-112-20106-8

Ⅰ．① 没… Ⅱ．① 王… ② 王… ③ 郎… Ⅲ．① 居住区－城市规划－研究－新加坡 Ⅳ．① TU984.339

中国版本图书馆CIP数据核字（2016）第278119号

责任编辑：郑淮兵　王晓迪
书籍设计：锋尚设计
责任校对：陈晶晶　姜小莲

没有围墙的住宅小区——新加坡案例分析
王春能　王春玲　郎永霞　编著
*
中国建筑工业出版社出版、发行（北京海淀三里河路9号）
各地新华书店、建筑书店经销
北京锋尚制版有限公司制版
北京顺诚彩色印刷有限公司印刷
*
开本：889×1194毫米　1/24　印张：5　字数：100千字
2017年4月第一版　　2017年4月第一次印刷
定价：50.00元
ISBN 978-7-112-20106-8
（29477）

编者的话

2016年2月，《中共中央国务院关于进一步加强城市规划建设管理工作的若干意见》出台，其中明确指出："优化街区路网结构。加强街区的规划和建设，分梯级明确新建街区面积，推动发展开放便捷、尺度适宜、配套完善、邻里和谐的生活街区。新建住宅要推广街区制，原则上不再建设封闭住宅小区。已建成的住宅小区和单位大院要逐步打开，实现内部道路公共化，解决交通路网布局问题，促进土地节约利用"。

按中国古代园林、古代宅院的营造思想，"封闭"为主流，"开放"为个例。因此对于不再建封闭住宅小区，并逐步打开已建小区围墙的做法，在国内没有太多的先例，相关的资料也不多。对于行业规划、设计人员来说，急需了解一些成熟的经验。

新加坡是东南亚的一个以花园城市著称的国家，政府在公共住房建设方面做得比较完善。2015年的统计资料显示，目前80%的人口居住在公共住房里。这些公共住房安置在开放的小区内，建设相对成熟，从规划之初就没有围墙。但对建筑形式、公共交通、小区环境、配套设施（休闲、娱乐、文化、商业等）均作了统筹规划，尽量给居民提供宜居、生态、舒适的居住空间。

本书主要作者王春能女士2002年于北京林业大学获园林硕士学位，后赴新加坡国立大学攻读建筑学专业，在新加坡已工作十余年了。她对新加坡的公共社区曾作过长期的研究，我们正是看到她微信的相关文章，才邀请她执笔，以期望把新加坡无围墙小区的规划、设计、建设方法等，客观、真实地写出来，以飨读者。

本书编辑
2016年9月

前 言

　　中共中央国务院于2016年2月6日发布了《中共中央国务院关于进一步加强城市规划建设管理工作的若干意见》（以下简称《意见》），意见中提出要"加强街区的规划和建设，分梯级明确新建街区面积，推动发展开放便捷、尺度适宜、配套完善、邻里和谐的生活街区。新建住宅要推广街区制，原则上不再建设封闭住宅小区。已建成的住宅小区和单位大院要逐步打开，实现内部道路公共化，解决交通路网布局问题，促进土地节约利用"。在《意见》提出后，无围墙居住区建设的有关问题引起了大量关注，规划、建筑、景观等相关行业有诸多关于无围墙居住区设计和建设的探讨。

　　综合来看，打破小区围墙的优点主要集中在打通小区道路、缓解交通拥堵和激活周边商业活力等方面。而对于无围墙小区可能存在的问题则引起了一些忧虑，关注的问题主要包括：

　　　　如何保障居民的安全；

　　　　住宅区范围内土地产权如何划分；

　　　　物业管理由哪方负责，如何管理；

　　　　如何进行公共资源的配置和共享；

　　　　是否会把城市拥堵和停车问题引入小区内部；

　　　　绿化面积是否减少，公共景观是否被削弱；

　　　　临街商业是否会引起噪声干扰和其他不安全因素；

　　　　没有围墙后如何进行社区建设等。

　　笔者在新加坡学习工作多年，深感新加坡的公共住宅即组屋的建设模式对于《意见》中的无围墙、非封闭住宅小区建设有一定的借鉴意义。在新加坡，近80%的人口生活在由政府提供的公共住宅中，公共住宅在当地被称为"组屋"，由新加坡建屋局（HDB）负责规划和建设。组屋区全部开放，没有围墙封闭和门禁安保，组屋作为公共住宅，其"公共"属性非常明确，除了各住宅单元内部，其他空间都开放给公众。自20世纪60年代开始进行大规模公共住宅建设以来，新加坡在住宅建设和管理方面积累了丰富的经验，形成了令居民满意的建设管理模式。

如规划、设计等各专业人士所公认的，无围墙住宅小区的理想模式并非是将目前小区围墙拆除、开放小区道路，而是涉及城市整体规划和公共资源的配置问题。新加坡的组屋建设也是如此，组屋建设是基于新镇的整体规划体系，与城市交通、教育、就业等公共配套同步发展，在新镇商业、娱乐等大型设施等整体配套、邻里小型商业、娱乐设施均衡配置的前提下进行小区内部的规划设计。本书以新加坡的新镇规划和组屋的发展历史为背景，从宏观城市到微观单体住宅，综合介绍组屋小区景观规划设计，并以富有设计特色的小区为案例，帮助读者全面了解新加坡无围墙住宅的情况。

同时为了突出《意见》中所指出的"适用、经济、绿色、美观"方针，在案例选择方面重点选择了可以体现可持续发展原则同时兼顾经济和美观的组屋作品，使读者能直观了解无围墙小区如何实现优美、生态、宜居的设计目的。

目 录

第一章

新加坡组屋发展概况

一、新加坡概况

新加坡位于马来半岛南端，是东南亚的一个城市国家，占地710平方公里。新加坡原为一个自然的小岛，英国人来福士于1819年发现该岛，建立为英国殖民地，并将其建设成为重要的自由贸易港。1959年，新加坡脱离英国殖民统治，取得完全自治，并于1963年加入马来西亚联邦，但之后新加坡于1965年8月9日独立，成立新加坡共和国。在此之后的50年里，新加坡的经济迅速发展，成为世界闻名的花园城市，以其优美、宜居的城市环境闻名于世。

截至2015年6月，新加坡总人口为554万，其中包括337.5万公民，52.77万永久居民（Permanent Residents, PR）和162.23万非本国居民。新加坡多民族混居，其中以华人占多数，占总人口的75%，其他为马来人（14%）、印度人（9%）和欧亚混血人（2%）。新加坡80%的人口居住在政府提供的公共住房，被誉为世界上公共住房问题解决最好的国家之一。

二、新加坡无围墙住宅小区——政府组屋的发展

1. 发展历史

新加坡的公共住房被称为"政府组屋"，是指由新加坡政府设立的建屋发展局（Housing Development Board, HDB）统一规划、设计、招标、建设并按政策提供给新加坡公民和永久居民居住的单元楼住宅。组屋住宅区全部为

无围墙的开放社区，组屋经过近60年的发展，对于在城市高密度环境下，如何开发建设生态宜居的无围墙住宅区及营造和谐社区方面积累了丰富的经验。

新加坡在1959年自治前，当地居民面临严重的住房短缺，在市中心周围有着大量的棚户区，居民的卫生状况和居住条件堪忧，没有卫生的厕所设施，大部分缺乏自来水和电源供给，居民生活随时受到火灾和疾病的威胁。为了应对住房短缺的问题，英国殖民政府于1927年设立了新加坡改良信托局（Singapore Improvement Trust, SIT），专门负责清理棚户区，并为棚户区的搬迁居民提供住所，其主要在女皇镇一带进行了公共住宅的建设。在新加坡改良信托局运作的32年中，共建造了2.3万个住房单位，只能为不到当时10%的人口解决住房问题，这无法全面解决住房短缺的问题。

1959年自治后，新加坡政府认识到解决住房问题的紧迫性，随后通过建屋发展法令，于1960年建立新加坡建屋发展局（Housing Development Board, HDB），取代原有的新加坡改良信托局，开始进行大规模的公共住房建设。

新加坡的组屋建设可以大致分为5个阶段，第一个阶段为20世纪60年代早期的起步期。建屋发展局早期的目标非常明确，就是为低收入人群提供廉价房屋。在1961年5月发生了一场造成16000人无家可归的火灾，称为"河水山大火"（Bukit Ho Swee Fire），这是新加坡住宅发展史上重要的转折点。灾后9个月，建屋局为800个家庭提供了重建的新住宅楼，并在同年开始了公共住宅建设的第一个五年计划，计划建设5万个住宅单位，也开启了新加坡的第一个新镇—女皇镇的大规模开发建设。为了鼓励人民拥有自己的组屋，建屋发展局在1964年推出了"居者有其屋"计划。从1960年至1970年，新加坡建屋局为公民提供了12万套政府组屋，为40万人解决了住房问题。在这一时期，满足基本的住房需求、解决住房短缺是主要的目的，公共住房所用的材料品质并不是非常好，在景观方面也仅提供树木遮荫，所提供的设施也是最基本的儿童活动场等。

第二阶段为稳步发展期。在1965年新加坡建屋局开始规划了第一个基于邻里概念的新镇——大巴窑镇，为新加坡第一个以邻里为单位，由数个邻里围绕镇中心建设而成的自成体系的新镇。在1973年配合东南亚运动会的需求，结合大巴窑镇中心进行了大规模体育设施的建设。进入20世纪70年代，随着经济的快速发展，为了加大住房供应，进行了大规模新镇建设，新镇的规划建设也日趋成熟，到20世纪70年代中期，超过一半的人口居住在政府组屋。但由于大部分新镇为根据同样的设计标准、同时进行的大规模开发建设，所以比较均一，设计雷同，缺少鲜明的特色。

第三个阶段为特色社区建设期。进入20世纪80年代，在设计上更注重区域的个性和特色，对于组屋建设更多地融入社区建设的理念，并努力营建综合性社区，政府开始采用市镇理事会的方式管理新镇，鼓励居民参与组屋的管理，加强居民的归属感，增强社区的凝聚力。随着经济发展，组屋的质量与服务也在不断改进，公共住房的选址和布局经过科学的规划，与城市整体发展相协调，所有的居住小区都建有完善的配套设施，包括商业中心、银行、学校、医院、图书馆、剧院、诊所等，在组屋新镇根据整体规划建设地铁站和公交站中转站等。

第四个阶段为更新期。自1989年开始，逐步开展组屋翻新与改造工作，为年代较久的新镇提供"组屋更新计划"，目的是通过组屋翻新，使旧组屋能够接近新组屋的水平。主要包括翻新计划和整体重建计划。翻新计划即把旧组屋改造到目前新组屋的标准，各住宅单元内对厕所和浴室进行翻新，扩建一间杂物室或阳台；为那些没有在每层楼设有候梯坪的高楼提供每层停的电梯，方便老年人和残障人士出行。选择性整体重建计划是为了更好地利用土地，有选择性地将旧的组屋拆除，并在附近地段为受影响的居民提供新的住房（胡荣希）。

第五个阶段是可持续发展、宜居生活发展期。在进入2000年后，组屋的发展更加注重生态环保和可持续发展，引入了更环境友好的建筑设计和布局，同时将更多环保科技和理念运用到组屋建设的各个方面，核心是为居民建立一个更理想的家园和提供一个整体可持续的居住环境。资讯科技和其他高新科技也在广泛应用，致力于建设智能化、数字化的社区。

2. 组屋土地所有权和使用权

无围墙小区的土地所有权是业界广泛关注的问题。在新加坡，土地所有权分为国家所有和个人所有两种，其中国有土地占土地总量的85%左右。对于政府建造的组屋，其买卖都只限于地上物的99年使用权，土地所有权全部属于政府。1967年6月新加坡政府颁布了《土地征用法》（Land Acquisition Act），规定政府有权征用私人土地用于国家建设，保证组屋所需用地。根据《土地征用法》的规定，凡是为了公共目的所需的土地，如学校、医院、公园、地铁系统建设及政府组屋等，政府均可强制征用。由于该法案的实施，政府可以低廉的价格获得大面积土地用于组屋的建设，尤其在前期清理棚户区等方面起到了很大的作用。

由于组屋建设的目的为提供给新加坡居民自住为主，因此政策限制居民购买组屋的次数，规定新组屋在购买5年之内不得转售，也不能用于商业经营。

3. 组屋区社会经济概况

根据新加坡建屋局2013年针对组屋居民所做的调查统计，96.3%的组屋居民居住在个人购买的组屋，而3.7%的居民居住在出租组屋。大部分居民居住在四房式组屋（三室一厅）（41.3%），25.1%的居民居住在三房式组屋（两室一厅），而24.9%的居民居住在五房式（三室两厅）组屋，出租组屋则大部分为一房和两房式。

由于新加坡曾在20世纪50年代和60年代经历过一些种族问题引起的动荡，所以对各民族融合问题尤其重视，而公共住宅的社区建设是加强民族和谐的重要手段。根据1989年实施的民族融合政策（Ethnic Integration Policy），要求在组屋区根据比例分配各种族居民，保证各住宅区均为各种族混居。根据2013年的调查数据，组屋居民中华人占73.5%，马来人占

15.6%，印度人占8.9%，其他种族占2%。

根据2013年的调查数据，在居民中，13.8%的居民在所居住的新镇工作，11.4%的居民在临近的新镇工作，45%的居民在远于临近镇的区域工作，而18.9%的居民在中心区工作，其余则在国外或者外围海岛等工作。

组屋居民家庭汽车拥有率为32.8%，而新建新镇的家庭汽车拥有率明显高于老区（图1-1）。

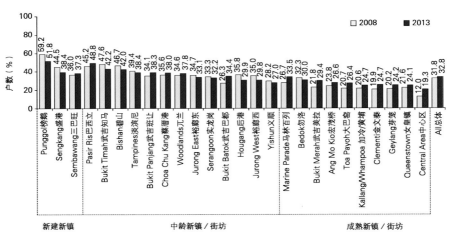

图1-1　新加坡／街坊各新镇2008年和2013年组屋家庭的汽车拥有率
（资料来源：Public Housing in Singapore: Residents' Prole, Housing Satisfaction and Preferences——HDB Sample Household Survey 2013）

4. 组屋居民对组屋的满意度

根据新加坡建屋局2013年的调查统计，居民对于组屋的硬件设施（包括房屋面积、布局、维护状况和户外景观等）的满意度为91.6%。92%的居民对于其居住的邻里社区满意，满意的原因多提及友好的环境或友好的邻里及安静的居住环境，同时归属感也使居民对邻里更满意。

5. 组屋的物业管理

在新加坡，组屋的物业管理由市镇理事会负责。市镇理事会于1989年依据《市镇理事会法令》成立，市镇理事会为法人组织，成员至少6位，最多30位。选区内国会议员为市镇理事会主席，其他成员由建屋发展局委派和选区内的住户选举产生。每个市镇理事会的管辖地区并非与新镇一一对应，而是以政治选区划分，由选区选出的国会议员对市镇理事会进行管理。新加坡的选区分为集选区和单选区。单选区只有一个议席，选举产生一位议员。而在集选区需要由多于一人组成团队参选国会议员，并共同管理公共住宅区的市镇理事会。目前新加坡有16个市镇理事会，负责16个集选区和13个单议席选区的管理。

市镇理事会的工作由新加坡国家发展部（Ministry of National Development，MND）进行监管。新加坡国家发展部根据《市镇理事会法案》和《市镇理事会财政条规》对市镇理事会的工作设立框架和规章制度，并由建屋发展局协助国家发展部进行监管工作，为政策法规提供专业建议，并向市政理事会提供业务指导和技术援助。

1）市镇理事会的工作职责

市镇理事会负责管制、管理、维护和改善辖区内组屋的公共物业及商业地产的公共物业，公共物业包括走廊、组屋底层、电梯、停车场、水箱、公共照明和开放空间等，工作内容主要包括：

（1）负责公共区域的卫生清洁

负责清扫电梯轿厢、电梯大堂、组屋架空层、走廊和开放空间等，收集垃圾，定期对公共区域进行冲刷，保持环境清洁。

（2）日常维护工作，确保公共物业和设施、设备妥善维护

对于电梯、电缆等进行定期的维护和更新，建筑物外墙5年粉刷一次，并根据物业使用情况随时进行必要的更新和维修，保证安全和良好的面貌。

（3）园林植物的维护

对公共区域的园林植物进行修剪养护，定期修剪草坪。

（4）公共区域的翻新

市镇理事会根据需要，对老旧组屋增建无障碍设施，并加建社区健身场地和有盖走廊等，提高居民的生活舒适度。

而组屋的停车场由建屋发展局进行管理，并制定相关的制度。任何拥有车辆的住户，必须向建屋局的分支机构购买"停车季票"（Season parking ticket），每户只准申请一个停车位，属于建屋发展局的店铺租户、公共住宅租户和房主有优先获得"停车季票"的权利。夜间停车必须特别申请，并办理"夜间停车固本"。外来车辆一律执行按钟点收费。

2）市镇理事会资金来源和使用

市镇理事会的资金主要由杂费收入及政府拨款两部分组成。杂费（service and conservancy charges，S&CC）即向组屋居民及商业租户收取的物业费，每个市镇理事会可独立确定杂费价格，就组屋而言，杂费的金额依据组屋的户型和面积而定。政府拨款为政府每年向市镇理事会拨付的运营资金，政府拨款一般占资金总额的15%左右。由于近年新加坡政府提高消费税比例，为了降低消费税增加对居民生活的影响，政府每年拨出预算，给予新加坡公民一定的水电费和杂费回扣。拨款的金额根据其辖区的居民户数和户型决定，小户型的居民可获得更多的拨款。市镇理事会可利用政府的拨款向四房式或更小的户型居民提供补贴。一房式组屋可获得的补贴为33.7新元/月，而四房式组屋补贴为9新元/月。以Jalan Basar市镇理事会为例，其辖区内的四房式组屋在补贴后的杂费为53.5新元/月。

市镇理事会资金依用途分为运营费用和累积基金两类。一般将市镇理事会资金的65%～70%投入运营，用于短期的例行维护费用，例如清洁、维修和维护等。另外的30%～35%须存入累积基金，累积基金可累积用于周期性的重大维修和维护。

3）组屋的安保

由于是保障性住房，所有组屋不设门禁，但是在电梯口、电梯内等主要人员进出节点设摄像头。安全由社区警察直接负责，由警察在组屋区巡逻，在组屋布告栏等各处张贴安全宣传海报，如果有罪案发生，也会设警示牌公告。

第二章

新加坡新镇规划

一、新镇发展概况

无围墙住宅小区的成功实施依赖于整体的规划和配套设施的提供，并不仅仅是一个住宅小区或者一栋住宅楼的设计开发问题。新加坡的城市规划采用了"花园城市"和"新镇"的概念。新加坡围绕中央集水区的大面积绿地规划发展了一系列卫星城镇，形成城市中心区外围的新镇。新镇的主要功能是居住，同时自成体系，既有就业岗位，又有较完善的商业、娱乐休闲和公共设施，为居民提供良好的生活保障。新镇之间以绿带相隔，大多离市中心10到15公里，居民可以通过交通网络迅速到达市中心区和其他新镇。这种布局方式有效疏散了中心城区的人口，防止了大城市的拥挤、污染等问题，同时新镇与中心城区形成联系紧密的大城市系统。

从新加坡新镇的发展历史来看，新镇的发展是随着建屋局的建立和组屋的发展同步进行的。在新加坡独立前，人口的膨胀已经对市中心的环境造成了很大的压力，为了应对城市未来的发展，在新加坡1958年通过的规划中，提出了发展卫星镇即新镇的计划，并开始考虑郊区的发展，在规划中引入了"绿化带"（green belt），以保持城市可控的发展。在新加坡独立后，随着组屋开发真正地开始了新镇的建设，除了前面提到的第一个新镇——女皇镇，至今在全国共发展有23个新镇（表2-1），分布见图2-1。

新加坡新镇名录　　　　　　　　表2-1

20世纪80年代前	20世纪80年代~90年代中期	20世纪90年代后
1．女皇镇（Queenstown）	1．武吉巴都（Bukit Batok）	1．榜鹅（Punggol）
2．武吉美拉（Bukit Merah）	2．武吉班让（Bukit Panjang）	2．盛港（Sengkang）
3．大巴窑（Toa Payoh）	3．蔡厝港（Choa Chu Kang）	3．三巴旺（Sembawang）
4．宏茂桥（Ang Mo Ki）	4．裕廊东（Jurong East）	
5．勿洛（Bedok）	5．裕廊西（Jurong Wes）	
6．金文泰（Clementi）	6．碧山（Bishan）	
7．加冷/黄埔（Kallang / Whampoa）	7．后港（Hougang）	
8．芽笼（Geylang）	8．实龙岗（Serangoon）	
	9．淡滨尼（Tampines）	
	10．巴西立（Pasir Ris）	
	11．兀兰（Woodlands）	
	12．义顺（Yishun）	

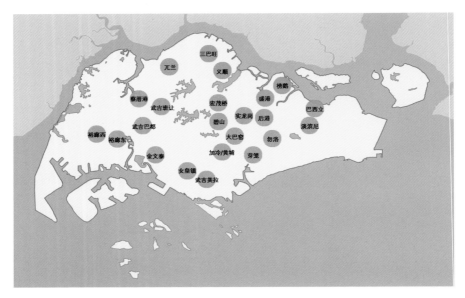

图2-1 新加坡新镇分布示意图

　　新镇发展的一个主要理念是自给自足，使每个新镇的居民可以在所生活的新镇满足生活所需，组屋建设依托新镇建设来进行相应的社区配套。在用地方面，为了向一个自给自足的新镇的居民提供日常所需要的设施，所有的新镇都是混合发展，通常住宅用地所占比例低于50％，其他土地面积用于道路、商业、教育机构、公园和花园、体育和娱乐设施、宗教场所等。自给自足的另一个方面也包括提供就近就业，在几个城镇中设立轻工业区，提高居民在住家附近工作的比例。

　　新镇建设的主要目的是为分散中心城市的人口，去中心化一直是新加坡规划发展的一个重要指导思想。金融和主要的商务活动集中于市中心（中央商务区），但只有3％的人口居住在市中心区，其他人口主要居住在周边的新镇。交通网络的建设对于新镇的发展起着重要的作用。在新镇发展初期，由于居民的工作地在市区，受交通条件的限制，新镇多建立在毗邻市区的地区，如第一个新镇女皇镇就紧邻市中心，以方便居民往来市区工作。随着轨道交通的发展，新镇与市中心脱离开，分布到了更远的区域，如兀兰镇（Woodland）、杨厝港（Yio Chu Kang）和武林（Bulim）。武林新镇在1958年的规划中是延伸到了西部海岸的新镇，最终发展成了裕廊镇，最初是为了满足工业发展的需要，最终裕廊镇发展成了西部最大的居住区。

二、新镇的规划层次体系

在空间布局方面，新加坡强调住区与新市镇、交通站点有机结合，综合分级分层进行开发和绿化。新镇规划建设基于从镇到户的规划层次体系。新加坡住宅开发从宏观来说以新镇为单位，每个新镇被进一步细分为邻里（或街坊），邻里由几个居住组团（precincts）组成（图2-2）。所有针对居民配套设施如公园绿地、商业网点等的配置都根据这个层次体系来进行配置。

图2-2 新镇的规划层次体系

大部分的新镇都是以邻里的理念来进行建设，每个邻里大约有4000~6000户，每个邻里都有相应的邻里中心和邻里公园绿地及相应的配套设施，如小学等分布在邻里内（图2-3）。组团是指几栋楼围合的范围，一个组团一般由4~10栋楼围合而成（图2-4）。

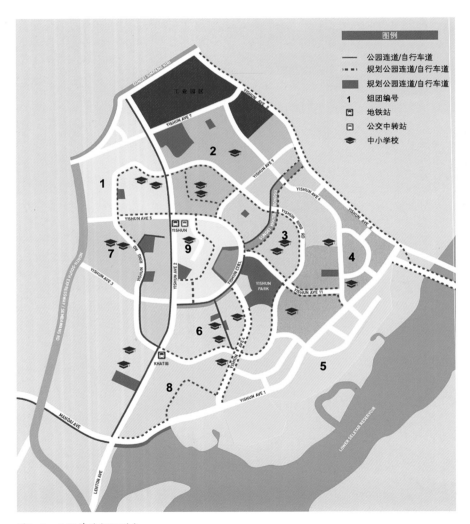

图2-3 义顺镇的邻里划分

图2-4　邻里细分为组团

　　组团和邻里的形式使居民可以更接近邻里公园和邻里中心等设施，同时这些邻里的建设也使居民便于联络和交流，有利于促进社会归属感。围绕这些邻里的人行道路、自行车路和公交线路将全镇连接在一起。

　　就商业来说，分层集中式的商业配套，有利于方便居民就近购物用餐等，同时避免了大量的临街商业对住宅的影响和对交通停车等造成的压力。

三、市镇规划的形态布局

　　由于新加坡是一个土地面积非常有限的小岛，故在新镇规划中有目的地通过规划来避免居民感受上的拥挤杂乱，创造较低的密度感、广阔和绿地环绕的感受。规划上采用棋盘格的规划方式，将高层高密度住宅与低层低密度的建筑物穿插分布，并注意建筑物之间的间距变化，以实现较低密度的视觉感受。另外规划中保持整洁的布局，使得建筑物整齐有序，避免凌乱的街景，以减少拥挤。

新加坡住区开发规划时，多预留一定的公共设施用地，早期在城市中起到绿地的作用，当居民入住并产生公共活动需求时，各项公共设施的负责部门便应时而建各自分管的设施。合理有序的开发建设，既避免了因公共设施过多而造成的浪费，也有利于住区的不断优化配置。

另外，新加坡政府组屋由于是在不同经济发展阶段兴建的，所以质量和环境水平有一定的差异。随着早期建设的组屋陈旧趋势的出现，对老旧组屋区进行不断的更新可以防止住宅区的退化，以达到住房的可持续发展。预留的建设用地，为将来组屋的有机更新预留空间，使它们的居住环境质量适应时代的需求。

四、未来发展方向

为了推动新镇的发展，新加坡建屋发展局于2011年推出了"为组屋市镇打造更美好生活环境路线图"计划，为了打造以社区为中心的市镇，在规划、设计与提供设施及活动空间上都以居民为出发点，不仅发展市镇，同时也建立社区。该路线图以三个主要推动力为基础：

1. 高水平规划设计的新镇

高水平的新镇规划设计，是提高居民整体生活水平的基本保证，合理优秀的规划设计可以使新镇的组屋增值，在改善整体水平的同时提高组屋设计的个性和可识别性。目前建屋局积极与知名设计公司合作，提高设计标准，如本书案例部分的杜生庄（skyville@daswon）即由著名设计事务所

WOHA所设计。在政府整体的规划和新镇的整体设计下，借助各专业顾问和设计师实现高水平的发展。

2. 可持续发展的新镇

在可持续发展方面，建屋局将通过采取适当的环保措施和可持续的技术方案来支持新加坡可持续发展的蓝图。建立可持续发展的城镇意味着居民将能够享受一个更清洁、更环保、更舒适的生活环境。这涉及与私营企业的专业人才合作，并需要在资源节约型建筑、有效的能源开发使用和智能化管理系统方面进行的广泛探索。

3. 社区为中心的新镇

通过前两个方面，可以在规划设计和可持续发展等硬件方面推动代表公共住房的"硬件"建设，与此同时需要提高相应的软件建设，因此，要集中建设社区凝聚力。建屋发展局的目的是增强居民对社区的归属感，并努力建设新镇居民邻里和睦的社区环境。

第三章

新加坡无围墙住宅小区
——组屋的景观规划设计

新加坡组屋皆没有围墙来封闭小区，但组屋并非单栋地进行建设，而是以组团为单位来进行设计和建设。组团的设计理念从20世纪90年代开始广泛用于新建组屋的景观设计，也在逐步对旧的组屋进行改造。由于新组屋的景观设计更符合新时代居民的生活需求，也更有借鉴性，所以在本书中主要介绍新组屋的组团式景观设计理念和方法。

一、组团设计的优势

1. 增强社区的认同感

由于以组团为单位进行设计，使同一个邻里的各个组团根据其各自场地条件进行布局，有独立的景观设计、组团名称和标识等，提高了组屋设计的个性和可识别性，避免了大规模开发造成的均一性和单调性。

另外以组团为单位进行组屋的设计和建设，便于形成内向性的组团绿地，使组团内的数栋到十几栋楼的居民有了一个尺度宜人的小社区空间。在这个尺度下，穿插的各种设施加强了居民交流的机会，同时也鼓励了更多的社区活动，如在组团主功能亭进行社区节日聚餐、广场播放免费电影等。因此组团围合的中心绿地成为居民最可直接感知的物质环境和心理环境，对于培养居民的社区归属感、提高社会凝聚力起到了很大的作用。

2. 改善住宅景观效果

以组团为单位的住宅群与独栋无围墙的住宅相比，避免每栋楼或者单栋楼的各个朝向都直接与外界毗邻，减少了噪声等的干扰，通过合理的布局，可以拥有较大的内部空间和宅间绿地，在没有围墙的不利条件下，仍然可以保证居民拥有一定的独立活动空间和绿色景观，也有利于改善住宅景观效果。在组屋设计中均尽量给予每个住宅单位最好的景观视线，不仅会考虑使住宅的主要朝向面向组团内的景观，也考虑与周围绿地等的视野通透，以提高居民的景观感受。

3. 提高居住的安全性

组团设计为项目提供了更加明确的出入口，使人流车流得到有效的组织，保证人车分流。有效组织的人流和交通可以提高居民的交通和人身安全。同时，景观设计以中心绿地为主，好的景观视线也避免了小面积死角的出现，减少了犯罪发生的概率。另外以组团为单位的小社区凝聚力提高，有利于居民互相守望，设置在邻里的警所也在社区的层面保障了居住的安全性。

二、组屋组团景观设计

如前所述，组团为无围墙组屋的设计单位，每个组团大约由数栋到十几栋楼组成，每个组团有明确的设计建设范围，在设计范围内进行每栋楼的空间布局，安排交通流线、停车、公共绿地和辅助设施。下面将以组团为对象进行景观设计的大原则介绍。

一个组团从空间分区来说可以分为组团与外界区域的围合界面、入口、活动区、道路、停车场等。

1. 组团与外界道路间的临界面

组屋没有实体的围墙来封闭组团成为有围墙的住宅小区，这样可以使组团内的景观与外部的其他住宅区景观或城市景观融为一体，使城市景观最大化。同时也利于组屋绿地等设施在邻里间的共享，邻里的大型设施，如篮球场或者足球场可以供附近几个组团的居民共用。虽然没有围墙，但是组团的设计也需认真处理与外界临界面的设计，在组团和道路间提供缓冲，并使其尽量的具有识别性，增强组团居民的归属感。

常见的界面处理方式包括如下三种：

（1）植物种植

在组团外围和社区道路之间，尽可能提供两层树木种植，在道路旁的大乔木下层种植小乔木，形成绿色的屏障，以减少道路对内部的影响，同时还有一定的通透性。如果组团临近主干道或高速公路等，则采用多层种植，形成种植带进行缓冲。种植带可以采用自然种植，选择易于生长的树木，形成自然树林。如果组团与其他组团连接或临近公园，则采用植物自然过渡，与其他绿地自然衔接，融为一体（图3-1、图3-2）。

图3-1　种植隔离示意图

图3-2　植物形成的组团与道路分隔（王春能　摄）

（2）地形和高差的运用

在有高差的情况下，可将住宅区高差抬高，将居住区内部和外围道路进行分隔，并利用住宅和道路间的坡地进行绿化，使内部居民不受外部干扰（图3-3、图3-4）。

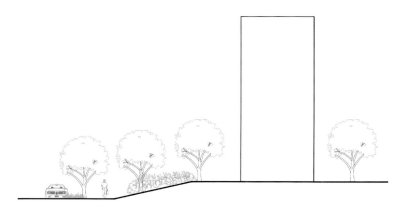

图3-3　高差隔离示意图

图3-4　高差的运用（王春能　摄）

（3）地下车库采光天井或者裙楼停车场形成的自然屏障

在有地下车库的小区，为了保证地下车库的自然通风和采光，通常围绕地下车库外围布置一圈采光天井，通常为几米宽的地下小庭院，上面是扶手栏杆保障安全，这可以将组团与外围很好地分隔开，结合绿化可以形成天然的隔断，视线连续但是不能穿越，如同西方造园的哈哈墙（图3-5）。

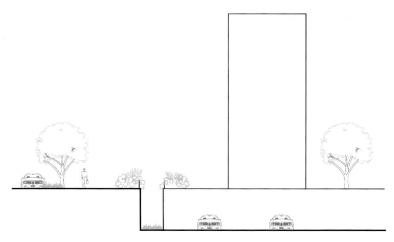

图3-5　采光井的分隔

　　在采用裙楼作停车场的小区，住宅位于裙楼的上层，高于地面也可避免干扰（图3-6、图3-7）。

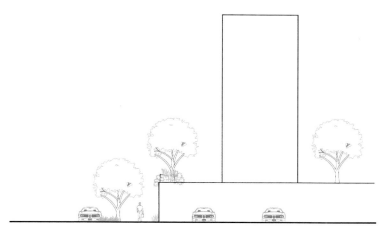

图3-6　裙楼停车场形成的围合

图3-7　地下停车场采光井形成的隔断（王春能　摄）

（4）标识的运用

在组团的外围也可以结合组团的名称，采用标识来强调其个性，加强组团的可识别性（图3-8）。

图3-8　标识加强组团的识别性（王春能　摄）

2.　入口

入口的位置根据建筑的整体规划确定，根据周边的道路、人流等确定入口的位置，大部分组团有明确的主入口，为小区车行和人行的主要出入口，也有小型的组团仅有实用的车行入口和人行入口。

（1）主入口/车行入口

在主入口通常结合组团标识、大门、车道和人行道来组成一个组团的标志。在有条件的情况下，区别车行和人行流线，并为从道路驶入组团的车辆提供明显的指示牌，引导车辆进入停车场或下车处（图3-9～图3-11）。

图3-9　主入口案例1（王春能　摄）

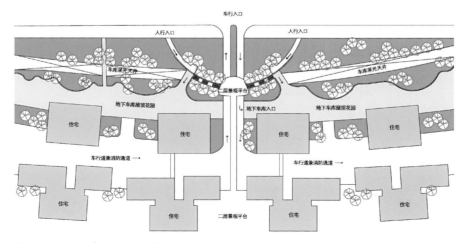

图3-10　主入口案例1平面示意图

图3-11　主入口案例2（冯曙红　摄）

（2）人行入口

虽然组屋没有围墙围合，行人可以从各个方面进入组团，但是考虑周边主要设施，如车站、商店、学校等与组团的方便连接，一个组团通常设有多个人行入口，为主要的人流提供明确的人行道和风雨连廊连接住宅。

主要的人行入口布置可结合组团名称标识设计，并利用种植物形成有趣味的入口（图3-12）。

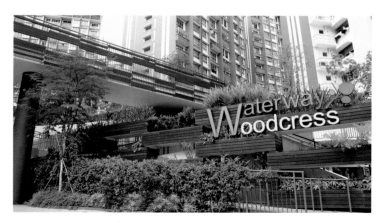

图3-12　主人行入口（冯曙红　摄）

（3）下车处

下车处连接车行入口和组团内主要的人行交通流线，通常位于组团中心位置，按照组屋景观的设计要求，下车处和每个住宅电梯前厅的距离应不超过100m，由下车处的雨篷直接连接内部的风雨连廊或者住宅一层的架空层（图3-13）。落车处设计中考虑照明和指示牌等标识的设计，为抵达的行人提供明确的导引（图3-14）。同时，在场地允许的情况下，提供休息座椅等方便居民等待休息。

该区域在软景设计方面应考虑车行的安全性，植物不可过分遮挡视线，同时有一定的识别性。

图3-13　落车处（冯曙红　摄）

图3-14　入口标识（王春能　摄）

3. 交通流线

车行流线一般围绕组团外围设置，通常结合消防通道规划设计，连接多层停车楼、下车处、组团多功能亭、邻里商业网点、垃圾站等。车行交通需结合标识设计，明确指引方向。人行流线多采用风雨连廊连接各住宅楼、架空层和主要附属设施等，并与中心景观区及屋顶花园结合，形成方便舒适的步行交通系统（图3-15）。

图3-15　组团内风雨连廊连接车站和过街天桥（王春能　摄）

4. 停车场

在没有围墙的小区内如何解决停车的问题，也是设计师所关注的。在新加坡旧的组屋区，地面停车是常用的方式，虽然方便实用，但停车场经常占据组团中大面积的公共空间，不利于景观环境的营造，同时大面积的停车场地面反射的热量，影响居住区的宜居性。目前，主要的停车方式为采用地下停车场和多层停车楼的方式，这样一方面满足停车需求，同时可利用停车场屋顶进行立体绿化，有利于美化环境、节能降耗。在实际设计中，地下停车和多层停车场灵活结合，满足居民的停车需求。

目前停车场的建设方式主要为以下四种，这四种方式在有些组团被灵活组合，以多种形式出现。

（1）单侧停车楼

将多层停车楼设计在组团的一侧，这样在组团的中心区域可以提供地面的中心花园，这样中心花园的土壤条件优于屋顶花园，可以种植大型苗木，有利于植物的长期生长（图3-16）。

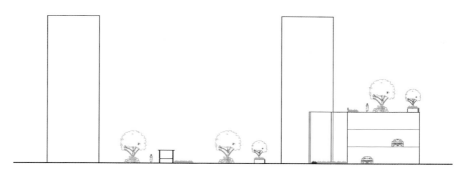

图3-16　单侧停车楼示意图

（2）中心停车楼结合屋顶中心绿地

该种布局方式，将多层停车楼布置在组团中央，围绕停车场布置住宅楼，利用停车楼的屋顶建设屋顶花园，发挥中心绿地的作用，为住宅居民提供活动空间。为防止停车场对住宅的影响，需要将停车场周围与其高度相同的住宅架空，或者甚至将比停车场高一至二层的住宅也做架空处理，同时在建筑和停车楼间设计采光井，在停车楼中部等需要的位置设计天井，以保证天然的通风采光（图3-17、图3-18）。

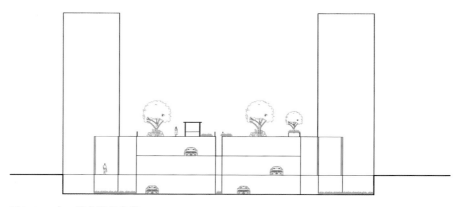

图3-17　中心停车楼示意图

图3-18　中心停车楼结合屋顶中心绿地（王春能　摄）

　　另外，新加坡组屋的停车场大部分都会错半层设计，这样可避免停车场的坡道距离过长（图3-19）。

图3-19　错半层停车场模型（王春能　摄）

（3）裙楼停车场

　　将建筑一层的裙楼设计为停车场，裙楼的屋顶平台上布置点式住宅楼，利用裙楼屋顶建设景观平台。这样将居民的活动空间完全抬升到二层以上，与周边环境脱离开，形成相对独立封闭的生活空间（图3-20）。裙楼停车场的另一个优点是可以将下车处和停车场的入户电梯厅紧密结合，使居民可以就近乘梯（图3-21）。

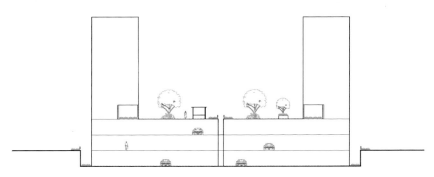

图3-20　裙楼停车场示意图

图3-21　裙楼停车场连接入户电梯厅（冯曙红　摄）

（4）地下停车场

有的地下停车场是半地下停车场，通常地下停车场都采用自然通风采光，通过大量的采光通风天井来提供，天井一般结合植被，为停车场提供绿色的背景（图3-22～图3-25）。

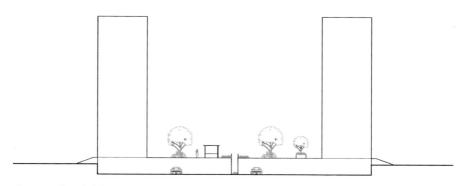

图3-22　地下停车场

图3-23　地下停车场的采光天井（冯曙红　摄）

图3-24　地下停车场中的小庭院（冯曙红　摄）

图3-25　中心停车楼与地下停车场的结合（冯曙红　摄）

5. 中心绿地

组团中住宅楼围绕的中心区域一般为中心绿地，中心绿地为组团居民提供主要的休闲活动空间，并且为高层住宅提供很好的俯视景观，通常建筑的主要立面朝向中心绿地。中心绿地不受车行交通影响，人车分流，并根据场地情况划分静态活动区、动态活动区，并在楼间等空地穿插布置小庭院。

（1）动态活动区

动态活动区主要满足儿童活动、健身、社区活动等功能需求。

儿童活动场通常与住宅有一定距离，以避免噪声对居民的干扰。在有幼儿园或者托儿所的组团，将儿童活动场设在离幼儿园或托儿所较近的区域。在新加坡，很多幼儿园或托儿所设在组屋一层的架空层，作为邻里的配套设施，儿童在户外活动时段利用组屋绿地的儿童活动场活动玩耍，所以靠近幼儿园的儿童活动场会考虑6岁以下幼童的活动需求，以幼儿的活动器械为主（图3-26）。在较大型的组团，或者邻里有较大型的绿地，会设置满足不同年龄段需求的活动场。

在场地条件允许的情况下，提供成年人健身区和老年人健身区，各自考虑使用者的年龄特点配置适当的健身器械，老年人健身区可结合座椅设计，并尽可能提供树荫，保证场地使用的舒适性。

另外，组团的多功能亭是新加坡很有特色的景观配套设施，主功能亭为每个组团必备的功能设施，主要为居民提供户外的各种社交和社区活动空间（图3-27）。居民可提前租借亭内场地用于个人及家庭活动，如华人葬礼和马来人婚礼都在亭下举行（图3-28）。社区的一些大型活动也在此举行，如社区新年聚餐、节日庆祝活动等（图3-29）。多功能亭一般体量较大，面积达200m²。通常位于组团入口等交通方便的位置，并提供上下车和卸货区，方便活动的开展，但同时也注意避免人流的穿行，保证活动的私密性。

图3-26 架空层托儿所前的儿童活动场（王春能 摄）

图3-27 组团多功能亭（王春能 摄）

图3-28　组团多功能亭租作马来人婚礼礼堂（王春能　摄）

图3-29　组团多功能亭用于社区国防教育（王春能　摄）

（2）静态活动区

静态活动区一般在动态活动区附近，有一定的私密性但不会过度封闭，且有一定的遮阳功能，保证环境的安全舒适性，一般包括休息座椅区、景亭、花架和社区花园等（图3-30）。

社区花园是新加坡为了推进社区凝聚力、促进居民交流、丰富社区活动设立的小型花园，通常利用社区中空地和屋顶花园建设，规模有大有小，由社区志愿者和居民进行维护。主要种植蔬菜、香料植物、香蕉、甘蔗等和一些常见花卉。同时社区花园也有一定教育作用，让在城市生活的儿童可以有机会认识和了解这些植物（图3-31、图3-32）。

图3-30　景观廊架（王春能　摄）

图3-31 居民种植管理的社区花园（王春能 摄）

图3-32 居民种植管理的社区花园（王春能 摄）

（3）楼间小庭院

楼间小庭院通常位于楼间的小片空地，与中心景观区相比，尺度更加人性宜人。通常这些小花园位于电梯厅或者架空层的附近，可以为居民休憩、等待提供一些简单的座椅，并通过大量耐阴植物的种植，提供绿色视觉缓冲（图3-33）。

图3-33　楼间休息处（王春能　摄）

6. 架空层

新加坡组屋通常将一层架空、开放，以供公众使用。这一方面是由于新加坡为热带海岛气候，一层潮湿，通风采光不佳；另一方面是由于一层易受噪声等干扰，将底层架空可以提高居住的舒适性。而且有一种观点认为，组屋以高层住宅为主，底层架空可以加强人视线高度的通透感，避免过度拥挤的心理感受。架空层经常和小庭院种植穿插布置，通过视线中的绿色背景可以更多地感受自然。

同时架空层在组屋中起着重要的功能，架空层为居民提供一个不受日晒雨淋同时绿色环保的灰空间，大部分作为遮风挡雨的通道联系彼此，也可以供居民尤其是老人儿童休憩活动场所，如休息区、学习角等（图3-34～图3-38）。

图3-34　学习角之一（王春能　摄）

图3-35　学习角之二。有社区图书馆的借书点、墙面可以作居民的艺术展示区，为社区艺廊　（王春能　摄）

图3-36 架空层自行车停车场（王春能 摄）

图3-37 居民休息娱乐区之一（王春能 摄）

图3-38　居民休息娱乐区之二（王春能　摄）

架空层亦可按照需要，局部封闭成社区的邻里商店、幼儿园等，为邻里商业提供便利。但是邻里商业并不是无控制的大量分布在一层，而是根据新镇和邻里的整体规划有策略地点状分布在社区，形成集中的小型邻里商业网点。

7. 垂直绿化

　　垂直绿化是热带景观设计的重要组成部分，由于垂直绿化有降低室内温度、减少地面和墙面辐射、增加绿量等作用，所以在住宅设计中得到了广泛的重视，不但被高端住宅所采用，在组屋中也有大量的应用。

　　垂直绿化包括屋顶花园、墙面绿化、空中连桥、景观阳台、立体种植槽等，这些方式相互结合、灵活运用可提高整体绿量，美化环境，提高建筑的保温降温等性能（图3-39）。在土地紧张的情况下，屋顶花园还可以提供额外的社区活动空间，作为地面活动场的补充，而且在一些组团中，屋顶花园是主要的景观区域（图3-40）。

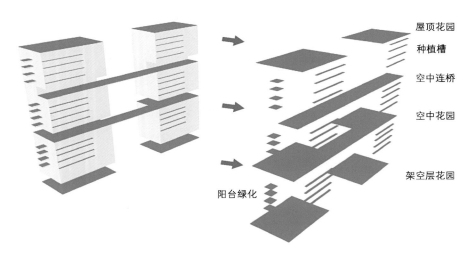

屋顶花园
种植槽
空中连桥
空中花园
架空层花园
阳台绿化

图3-39　垂直绿化的类型

图3-40　墙面绿化（王春能　摄）

8. 水敏感设计

目前海绵城市的发展策略受到了广泛的关注和重视，如何在无围墙住宅内也融入海绵城市的有关设计是设计师们需要研究和思考的问题。新加坡建屋局在组屋开发设计中采用了水敏感的设计方法（Water Sensitive Urban Design），对其设计原则和实现途径可以进行借鉴。

水敏感设计是配合新加坡公共事业局2006年推出的"ABC计划"进行的。ABC计划为Active, Beautiful, Clean Waters（ABC Waters）Programme的简称，即活跃、美丽、干净的水源计划，一方面为改善水体水质，另一方面旨在推动雨水处理的景观化，以实现更加可持续的水资源管理，并同时将水库等水体开放给社会大众进行水上活动，以激活主要的大型水体。新加坡公共事业局对设计中充分体现ABC计划要求的项目进行认证，如本书案例部分的杜生庄为2010年获得ABC认证的项目。在组屋区，由于住宅区受面积的限制，主要以屋顶雨水收集和雨水花园的形式减少暴雨时径流峰值，并将雨水收集进行利用或回渗入土中。

（1）过滤滞流型雨水花园

雨水花园在这里为各种经过专门设计的收集雨水的低洼地面景观的泛称，形式可以多样化，多为低洼的小花园、小型的沟渠或河道，或者是路边条带形的种植池，其主要功能是收集周边的雨水。（图3-41、图3-42）而过滤滞流型雨水花园是收集地面雨水径流，减缓径流速度，通过植物和过滤层的过滤后将雨水渗透回地下，避免雨水直接排回下水系统，提高深入地下的雨水水质，净化污染

图3-41　雨水花园（王春能　摄）

物，如汽油等。

　　设计时通常需要考虑计划收集雨水
的住宅区面积，按照面积计算水量，并
计算出雨水花园的大小，雨水花园标高
低于周围景观区域的标高，利于集水，
可以布置在离建筑较近的位置，利于收
集建筑屋顶排下的雨水。雨水花园在雨
水汇入时可为小的水池，需要考虑种植
耐水湿植物，在无水时常常表现为旱溪
的效果（图3-43）。在表土下需要有逐
层码放的卵石和沙子等用于过滤雨水，
其做法如图3-44。

图3-42　社区中雨水花园旁设立的
　　　　教育展板（王春能　摄）

图3-43　收集运输雨水的旱溪（王春能　摄）

步行道

排水沟　步行道

500～1200m种植土

碎石垫层

实土层

图3-44　过滤滞流型雨水花园（整理自：*HDB Landscape Guide*）

（2）储水再利用型雨水花园

储水再利用型雨水花园和过滤滞流型雨水花园外观差异不大，区别在于收集的雨水不是渗入土中，而是利用储水池将收集的雨水进行循环再利用，用于植物灌溉等，以节约城市用水。设计需要考虑储水罐的储水能力、设计排水系统，以排出超过储存能力的雨水；并且提供地面的溢流管线，避免雨水漫出引起景观区域浸水。其做法如图3-45。

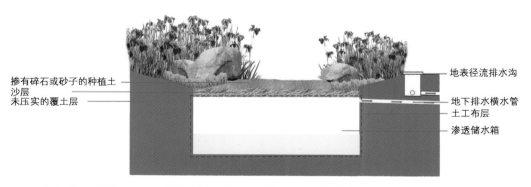

掺有碎石或砂子的种植土
沙层
未压实的覆土层

地表径流排水沟

地下排水横水管
土工布层
渗透储水箱

图3-45　储水再利用型雨水花园（整理自：*HDB Landscape Guide*）

第四章

无围墙住宅小区案例

一、绿馨园（Treelodge@punggol）

1. 项目基本信息

占地面积：2.95hm^2

容积率：3.16

楼数：7栋

楼层数：16层

住宅单元数：712户，包括98个三房式组屋，600个四房式组屋，及14个五房式跃层组屋

获奖情况：新加坡建屋局绿色标签白金奖等10个奖项

设计单位：裕廊国际（Surbana International Consultants，现名为Surbana Jurong Private Limited，盛邦裕廊私人有限公司）

施工单位：Kay Lim Construction & Trading Pte Ltd.

2. 项目设计特色

1）项目背景

绿馨园是新加坡第一个获得绿色标签白金奖（BCA Green Mark Platinum Award）的公共住宅项目，是在新加坡Remarking our heartland（ROH）计划框架下发展建设的。ROH是一项展望新加坡未来公共住宅建设，建立多代同堂，帮助居民心系家庭美好生活的发展计划，以榜鹅、义顺和杜生三个区域（分别代表新建社区、中等屋龄社区和早期建设社区）进行

示范，以体现未来新组屋的愿景，并为老的社区注入活力。榜鹅区域为新建新镇，是在新的区域全新建设项目。

选择该项目作为案例是因为其体现了低成本住宅可以达到的优质生活与可持续发展的结合水平。环保节能、可持续发展在这里不是小众的发展，该项目与榜鹅镇的其他组屋一样，是很普通的组屋组团，但是它却是新加坡建屋局建设的一个实验项目，用于对最新的技术、材料和理念进行实际的测试和检验，以向大规模建设提供依据。其目的在于推动高效、快速、低成本的住宅开发，同时节约能源并创造宜居舒适的生活空间。

项目以新加坡建屋局预购组屋（BTO，Build-To-Order）的形式于2007年开始发售，于2010年12月完工，由于该项目为新加坡建屋局成立以来的第一百万个组屋单位，因此对新加坡的组屋建设具有一定的历史意义。

2）设计理念

该项目的设计理念来自新加坡的热带大树，热带大树根深叶茂，其上附生和寄生各种植物，一棵大树就是一个小的生态系统。项目设计中将 7 栋住宅楼的主体看作树木，是其他附属功能的支撑者和营养供应者，住宅楼与其他部分在水平和垂直方向互相穿插。墙面的攀缘植物及阳台等的绿化，如植物的枝叶，为居民带来绿色舒适的环境。

项目紧邻榜鹅水道（Punggol Water Way），附近轻轨站连接地铁，交通便利。项目建筑设计将一层裙楼设计为停车场，在裙楼上南北两侧分布7座住宅塔楼。该项目在布局设计等方面考虑生态和可持续发展，使项目有了自己的特色。

（1）雨水收集

为了合理利用雨水，项目利用屋顶进行雨水收集，将收集到的雨水储存于屋顶的水箱，并利用重力输送到住宅公共区域，用于绿化和清洁冲洗地面，这样节约自来水的同时也节约了能耗 [图4-1（a）]。

（2）太阳能和节能灯的利用

项目对可更新能源进行了充分利用以减少化石燃料的消耗，采用了

2000m² 的太阳能板用于发电，发电主要供给公共区域照明等 [图4-1（b）]。照明主要采用寿命长的LED灯，走廊灯采用了感应系统，以减少无人使用时能耗及二氧化碳的排放。

（3）自然通风采光

设计过程中，利用计算机模拟通风和采光，将住宅朝向定位最有利于自然通风和采光的南北朝向，以减少空调的使用 [图4-1（c）]。并且将可能受二层屋顶平台影响的楼层架空，不用于住宅使用，保证每户的采光和通风（图4-2）。

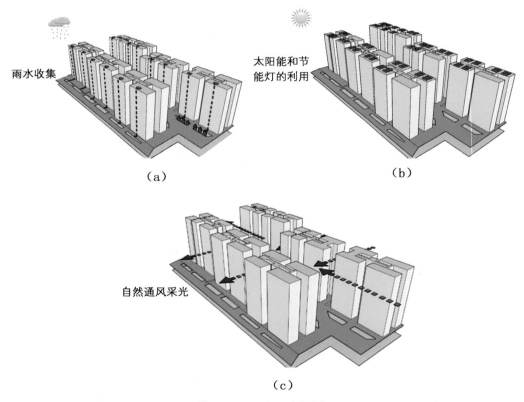

（a）

（b）

（c）

图4-1　项目可持续发展设计策略（资料来源：*Housing the People*）

图4-2　架空部分临近屋顶花园的楼层，减少屋顶花园对住宅的影响（王春能　摄）

（4）屋顶绿化和垂直绿化

项目充分进行了屋顶绿化和垂直绿化。在高层住宅屋顶采用了预制大范围绿化槽（PEG trays），以绿色植物覆盖屋顶，以减少屋顶反射的热量和降低整体环境温度。景观亭和廊道的顶部也采用了种植屋顶（图4-3）。低层墙面和柱子采用大量的攀缘钢索牵引攀缘植物覆盖墙面，使人的视线充满绿色，减少空间的局促感。另外将大量的绿色植物充分穿插在架空层、采光井、墙面、屋顶及阳台种植槽，使整个住宅区绿意盎然（图4-4～图4-9）。

图4-3 多功能亭顶部绿化槽种植（冯曙红 摄）

图4-4 种植槽绿化（冯曙红 摄）

图4-5 风雨连廊屋顶种植（冯曙红 摄）

图4-6 停车场采光天井小庭院（王春能 摄）

图4-7　停车场架空层地面种植
　　　　与墙面立体种植结合
　　　　（冯曙红　摄）

图4-8　墙面用于牵引攀缘植物的钢索（王春能　摄）

图4-9 停车场采光天井上方攀缘植物立体绿化（王春能 摄）

（5）垃圾分类

为了促进资源回收和利用，项目采用了集中的垃圾分类，组屋通常在走廊设计垃圾槽，方便高层居民直接从所在楼层将垃圾直接投入垃圾槽，本项目则增加了专门用于可回收垃圾的垃圾槽，以回收纸张、玻璃等资源（图4-10、图4-11）。

图4-10 可回收垃圾专用投放槽
（王春能 摄）

图4-11 走廊中的可回收垃圾专用投放槽和普通垃圾槽
（王春能 摄）

（6）新材料及再生材料的运用

项目采用了Ferrolite隔断墙系统，该系统为采用钢筋网薄层（HPFL）加固混凝土结构制成的预制产品，可直接在现场安装，同时可以把管线安装在墙体内，减少了室内的管线，同时具有环保、隔声等性能。这个隔墙系统已经在新加坡的组屋的BTO项目内推广。

3）项目景观设计

（1）临街界面的处理

由于项目的一层裙楼为停车场，所以整个住宅区的主要活动空间被抬高至二楼的景观平台，景观平台不受周围道路等的干扰，由7栋住宅楼在两侧围合，形成完全独立的中心景观区。但是项目在临街界面的处理方面充分体现了自然和人性的设计理念，虽然一层为停车场，但是并没有把一层的停车场立面直接暴露向周边道路，而是从二层景观平台，采用坡道和堆土的方式逐渐将标高降低至路面标高，这样在住宅和道路间形成了一个高差逐渐过渡的绿化缓冲带。周边的行人不会受到停车场嘈杂的干扰，而是感受沿道路的自然坡地和植物的绿色及树荫（图4-12）。

图4-12　临街界面及停车方式剖面示意图
　　　　（资料来源：整理自*Housing the People*）

项目还充分利用高差设计了两条步道，其中一条步道环绕项目外围一周，并利用树木和抬高种植池等形成了安静怡人、宜动宜静的环境，可跑步可散步，也可以在中途坐下休息（图4-13、图4-14）。

图4-13　组团周边临近市政道路利用高差形成的环组团跑步道（冯曙红　摄）

图4-14　利用高差形成的散步道（冯曙红　摄）

（2）入口

项目的主人行入口采用大台阶，将行人直接引入停车场屋顶花园的中心景观区，结合项目标识和景墙形成项目的标志，增强项目的识别性（图4-15）。该入口的象征意义大于实际的使用意义，台阶增加了入口的仪式感。实际使用中，大部分居民使用一层车库的人行入口，便于直接从车库乘坐电梯入户。

项目的车行入口与车库屋顶花园的廊架结合，在入口设置车库的标志，采用电子显示屏显示车库可用的车位数目，方便住户和访客（图4-16）。非日常使用的紧急消防通道用草坪覆盖，既满足消防通行需要又兼顾景观效果（图4-17）。

图4-15　主人行入口（冯曙红　摄）

图4-16　主车行入口（冯曙红　摄）

图4-17　消防通道（冯曙红　摄）

（3）中心景观区

项目的中心景观区以蜿蜒在楼间的景观廊道为主轴，廊道贯穿项目东西，并连接主要活动区、各楼电梯厅、楼间绿地及沿项目外围的散步道和跑步道。为了保障一层停车场的自然通风和采光，停车场上部景观平台需要大量的采光天井，这些采光天井与景观廊道及主要活动区的设计结合进行，以有机形态呈现，避免了机械的开口对景观设计的局限与影响，这需要景观设计师的前期参与及建筑师与景观设计师的密切配合（图4-18）。

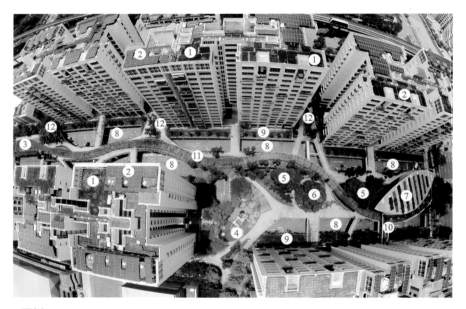

图例

1. PEG trays 绿化屋顶
2. 太阳灯板
3. 健身区
4. 儿童活动场
5. 一层停车场绿化，大树穿插入屋顶平台
6. 社区花园
7. 主功能亭及座椅休息区，亭顶结合种植
8. 一层停车场采光天井
9. 立体种植槽
10. 有盖走廊，走廊顶为种植屋面
11. 廊架
12. 楼间道路及绿化

图4-18 主景观区鸟瞰（冯俊豪 摄）

①廊架

　　沿主要人行步道设计木制花架，形成一条景观廊道，花架蜿蜒曲折贯穿全场，并连接四个主要活动区，包括多功能活动亭、儿童活动区、社区花园和健身区。花架一侧采用攀缘钢索，将攀缘植物牵引到花架顶部，这样随着植物的生长，逐渐形成一个绿色的长廊，为居民提供沿路的绿茵（图4-19）。同时沿花架设计时远时近的种植池，结合攀缘植物形成的绿色帷幔，使空间有了更丰富的层次，使居民不会感受到景观平台由于采光井造成的狭窄局促。

图4-19　花架绿色走廊（王春能　摄）

②儿童活动场

项目的儿童活动场设置在中心主轴廊道的一侧，毗邻架空层中的幼儿园，该活动场的最大特色是采用木栅栏将儿童活动的范围进行了围合，在主要的出入口设置栅栏门，这样可以充分满足附近幼儿园儿童的活动需要，保证小朋友的安全。同时，儿童活动场结合抬高的种植池布置座椅，方便家长休息，围合的设计可以使家长更安心地让孩子自由活动。通过简单的分区，使面积有限的儿童活动场可以供2～5岁及6～12岁两种年龄段的儿童活动（图4-20～图4-22）。

图4-20　儿童活动场之一（王春能　摄）

图4-21　儿童活动场之二（王春能　摄）

图4-22　儿童活动场之三（王春能　摄）

③健身场地

健身场地位于景观廊架的尽头，将廊架放宽，其下安排各种健身器械，为有廊架遮阳的健身场地（图4-23）。

图4-23　健身场地（王春能　摄）

④社区花园

该项目的社区花园非常紧凑，面积不大，为圆形的小花园坐落于景观平台中心，在2012年设立后，经过几年的种植，植物繁茂（图4-24、图4-25）。在花园中，为了减少有机垃圾，对枯枝落叶进行循环利用，在园中设置了堆肥筒，居民可自己动手将修剪等产生的园林垃圾制作成堆肥，用于蔬菜花卉的种植（图4-26）。在沿社区花园的连廊中，设置了介绍项目绿色设计管理理念的展示牌，提高公民的环境保护意识并提高对所在社区的认知（图4-27）。

图4-24　社区花园标识牌　（王春能　摄）

图4-25　社区花园（冯曙红　摄）

花园植物废弃物

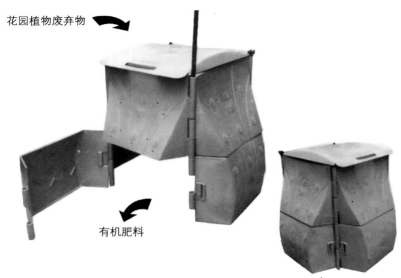

有机肥料

图4-26　堆肥筒

图4-27　小区绿色教育展牌（王春能　摄）

⑤主功能亭和休息区

组团的东端为多功能亭，该亭采用树叶的有机形状，并在亭顶采用了绿植来降温和减少屋顶反射的热量。由于亭顶很高，通风良好，亭子护栏还可悬挂横幅来预告场地租借情况，使居民能合理使用。在亭内和沿廊道处设置休闲座椅，供居民休憩（图4-28、图4-29）。

图4-28　多功能亭（王春能　摄）

图4-29　亭与连廊结合的休息区（冯曙红　摄）

⑥电梯厅

电梯厅起到了半室内大堂的作用，连接裙楼停车场。采用大面积采光井，引入自然光线，模糊室内和室外界线。种植耐阴植物，使室内外空间互相穿插，形成安全怡人的侯梯环境。同时安排信报箱、信息栏和休息座椅等，既满足居民对功能的需求，也行成一个简单的居民交流空间。同时在天井空地布置自行车停车场，为居民提供便利（图4-30~图4-31）。

图4-30　电梯厅（王春能　摄）

图4-31　与电梯厅相连的自行车存放处（冯曙红　摄）

图4-32　与电梯厅相连的休息处（冯曙红　摄）

（4）与其他组团的共用设施

在组团的北侧通过有盖走廊与一处组团间的活动场相连，该活动场由附近组团共用。有盖走廊连接本组团和其西侧的小学及北侧的另一个组团，以方便居民不受日晒雨淋接送学生上下学和到达附近的其他设施。该活动场主要包括篮球场、成年人健身区、老年人健身区和儿童活动区四部分。通常一些大型活动场的设置考虑组团间共享，在一个组团进行设施设计时会考虑周边其他组团的设施情况，该篮球场即为几个组团共用，其三处健身区分区明确，但是彼此临近，体现了组屋在设施设计上追求的"三代同堂"理念，以保证老年人、青年人和儿童三代的需求，同时使他们可以互相关照，共同使用设施，以促进家庭和社区的和谐。在活动场中部设置大型休息亭，供陪伴儿童的父母、健身的居民等休息。在西侧设计有花架，下有休息区，可以提供不同的休憩选择（图4-33~图4-39）。

图例

1. 篮球场	6. 儿童活动场
2. 有盖走廊	7. 组团入口
3. 健身区	8. 毗邻加油站
4. 步道	9. 花架
5. 休息亭	10. 草地绿化

图4-33　公共活动场鸟瞰（冯俊豪　摄）

图4-34 篮球场（冯曙红 摄）

图4-35 儿童活动场（冯曙红 摄）

图4-36　风雨连廊及儿童活动场（冯曙红　摄）

图4-37　健身处（冯曙红　摄）

图4-38　休息亭（冯曙红　摄）

图4-39　足底按摩小径（冯曙红　摄）

3. 项目周边配套设施

该项目所在新镇为榜鹅镇，榜鹅镇位于新加坡的东北部，是新加坡在20世纪90年代开始开发的新镇，目前还在持续建设发展中。

1）交通配套

项目所在区域的公共交通十分便利。有地铁（MRT）东北线连接市区及其他地铁线路，同时有两条轻轨（LRT）线路环绕榜鹅新镇，负责邻里与地铁之间的接驳（图4-40）。LRT目前仅为一节车厢，站台预留了发展空间，随着人口的发展，可增加车厢的数目。每站之间距离约为500m，方便居民乘坐，通过LRT可以到达榜鹅主要的商场和服务设施。本项目紧邻LRT，可步行到达LRT站。按照规划，到2030年将有两条新增地铁线，一条为连接环岛线（CRL），一条为东北线（NEL）的延长线。

榜鹅的公共汽车中转站与地铁站相邻，方便公共汽车和地铁之间的转乘。公共汽车站连接各邻里。

另外，有贯穿新镇的自行车道，沿榜鹅水道连接其他的公园连接道。

2）教育配套

在项目内设有政府公立幼儿园，在项目所在地的1km内，有5所配套小学和两所中学，可以就近入学。

3）商业配套

在项目500m内有两处邻里商业中心，包括食阁（半露天餐饮中心）、超级市场、小型诊所、蛋糕店、杂货店等满足社区居民需要的小型商业网点。在1km内，有两处综合商业楼，包括大型超市、商店、影院、餐饮等设施。

4）文体设施

距离项目1km内设有榜鹅民众俱乐部，提供基本体育设施，如球场等，并提供各种成人和儿童文体培训课程，如羽毛球、瑜伽、乐器、绘画、厨艺糕点等。

图4-40 轻轨（LRT）（冯曙红 摄）

5）公园绿地

项目面向大片公园绿地，为榜鹅水道的一部分，榜鹅水道贯穿榜鹅镇东

西，包括公园、水系、跑步道、自行车道等。附近有一处岛屿开放为郊野公园，可供骑车等休闲活动（图4-41）。

图例

绿馨园		宗教建筑	
绿地		高尔夫练习场	
轻轨站		民众俱乐部	
地铁站		餐饮	
公共汽车中转站		邻里超市	
地铁线		诊所	
轻轨线		跑步道	
新镇商业中心		自行车道	
邻里商业中心			

图4-41 项目周边配套设施

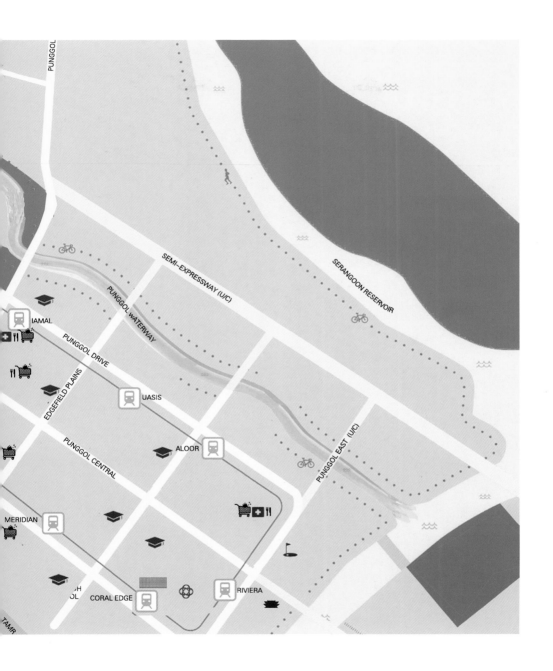

二、杜生庄（Skyville@Dawson）

1. 项目基本信息

项目地址：新加坡杜生路85-88号（85-88 Dawson Road, Singapore, 141085）

项目时间：设计开始时间为2007年8月

入住时间为2015年7月

项目面积：建筑面积113959.60m²

场地面积29392m²

容积率3.8772

建筑设计单位：WOHA

景观设计单位：ICN Design International

户型和户数：三房式组屋160户

四房式组屋682户

五房式组屋118户

合计960户

2. 项目背景

杜生庄项目与上述绿馨苑项目同在新加坡建屋局的"再创我们的家园"（Remaking our heartland，ROH）计划的指导下建设，不同之处在于该项目所在的区域为新加坡最早的新镇女皇镇，项目建设目的为向居民提供更高水平的生活环境以适应新时代的居住需求，同时也为老的社区注入活力，引入年轻一代的居民，建设一个融合过去、现在和未来，富有多样性和蓬勃朝气的社区。

杜生（Dawson）区域的建设愿景为"公园住宅"，通过其景观总体规划，实现杜生区域与公园设施等的无缝衔接，环境可持续发展，并具有显著的个性。为了记住过去，提高居民对区域文化遗产的了解，沿亚历山大带状公园安装历史遗迹展示板，以留住其独特的文化历史。

新加坡建屋局邀请新加坡本地著名的获奖建筑师、景观设计师参与杜生区域的景观总体规划和建筑设计，杜生庄的设计单位WOHA就是其中之一，这保证了该区域设计的高水准，为未来的发展立下了标杆。

3.　设计理念

项目主要是针对负担得起的公共住房的未来的探索，项目的设计理念主要体现在三方面，即社区构建、多样性和可持续性。

在社区构建方面，与WOHA一贯的设计原则一致，人性是一个重要的关注点。在该高层住宅设计中，通过追求人性尺度的设计来实现社区的设计理念。项目为47层的高层住宅，在竖向对其进行了模块化的处理，并在模块内回归人性的尺度，每11层为一个空中村，80户公用一个自然通风的社区露台和花园等社区空间，并将其中的住宅单位联系在一起，形成一个立体的村落。

在地面层，在社区入口利用多层停车场的一层提供超市、食阁和零售空间，并结合社区商业设计社区客厅，为社区提供了聚会、休憩尤其是夜间聚餐休闲的空间。在北面，面向大面积保留的树林设计了社区公园，公园绿化与树林背景融为一体，景色优美。公园内为婚丧嫁娶提供了两座社区多功能亭，并设计了两处社区展馆，作为社区交流展览之用。

对于场地的历史通过艺术装置的形式加以保留体现，设计中包括蓝色玻璃的小品，以体现这个地区在福建方言中的名字"Lam Po Lay"，也就是蓝玻璃。连廊中采用一些壁画等体现社区的文化。对场地的大树进行保留，并融入景观设计中。

在多样性方面，该设计通过为居民提供灵活多样的布局与可自由设计的空间，避免浪费，并允许不同的生活方式共存，如家庭办公或改造为loft，为未来的灵活使用提供了多样化的可能性。

在可持续发展方面，项目因其优越的节能环保设计获"新加坡绿色标签白金奖"。该项目不依赖高科技，而是采用被动的方式，避免了采用能源密集型的解决方案。每个单元南北通透，完全自然通风，每个房间都有窗户（包括浴室和厨房）；在公共区域，电梯大堂和走道都也是自然通风，通过遮阳板的合理设置，降低室内温度，并保证自然采光。采用光伏电池为公共区域和绿化照明提供电能，大大降低了项目的能耗。

公共绿地面积超过1.5km²，通过大面积屋顶绿化（超过50%的屋面绿化覆盖率）、空中花园和停车场垂直绿化的充分运用，项目的绿地率达到100%。项目拥有150m长的雨水花园，保证雨水在进入雨洪系统和渗透入地下前经过充分过滤净化。

该设计是完全预制，以避免现场废物和垃圾的产生，提高了施工效率。项目设计有极高的重复性，整个项目只采用了5种窗户类型，仅通过不同的布局方式和颜色变化、光影等使其拥有丰富的变化。

4. 项目总体设计

1）平面布局

项目的北面为新加坡具有历史意义的大片树林的保留区，景色壮观优美，项目整体布局充分拥抱场地的自然优势，北面设计为公共绿地，项目主体为12栋47层住宅板楼，南侧为多层停车楼。12栋住宅楼分为三组，每组4栋以优雅的菱形相连，每11层设置公共空中花园和架空层，形成空中邻里社区，各户之间互相守望，但保持私密性。南侧多层停车楼为3个重复单元，但入口处的单元打破形成入口的公共客厅——入口广场，成为场地活力的中心（图4-42~图4-52）。

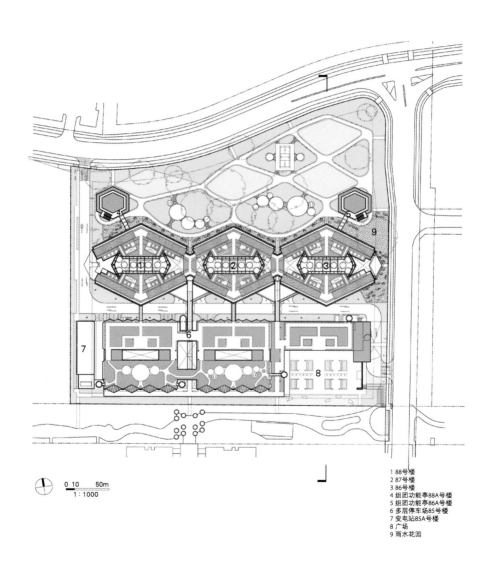

0 10　　50m
1 : 1000

1 88号楼
2 87号楼
3 86号楼
4 组团功能亭88A号楼
5 组团功能亭86A号楼
6 多层停车场85号楼
7 变电站85A号楼
8 广场
9 雨水花园

图4-42　项目总平面图

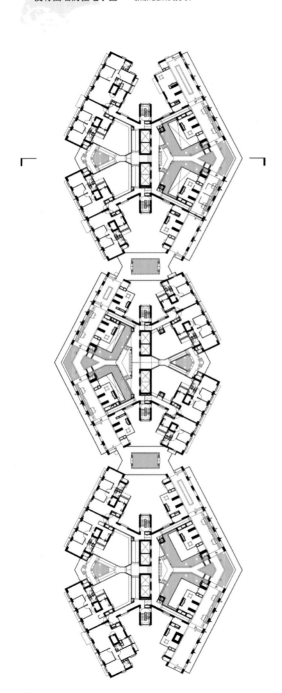

SKYVILLE @ DAWSON
PLAN–14TH STOREY

WOHA ARCHITECTS PTE LTD
©WOHA Pte Ltd 2011.All rights reserved.

0   10   50m

图4-43 杜生庄平面图——14层平面图

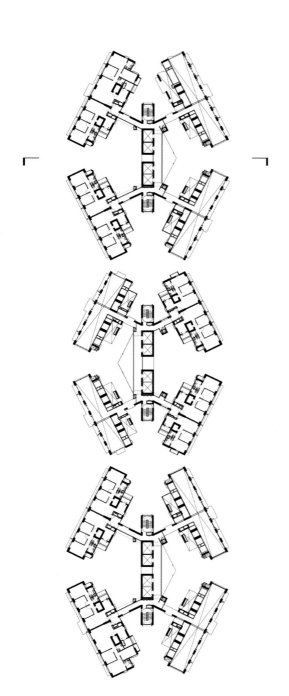

SKYVILLE @ DAWSON
PLAN-15TH STOREY

WOHA ARCHITECTS PTE LTD

0　10　　　　　50m

图4-44　杜生庄平面图——15层平面图

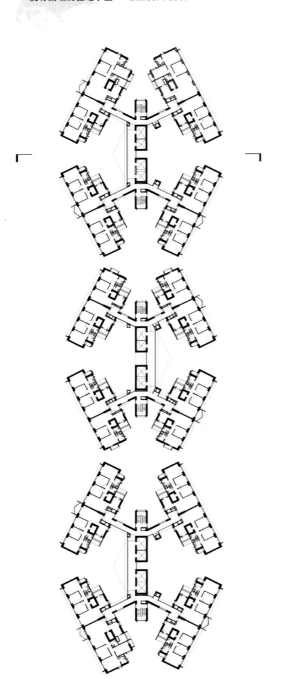

SKYVILLE @ DAWSON
PLAN–16TH–24TH STOREY
WOHA ARCHITECTS PTE LTD

图4-45 杜生庄平面图——16~24层平面图

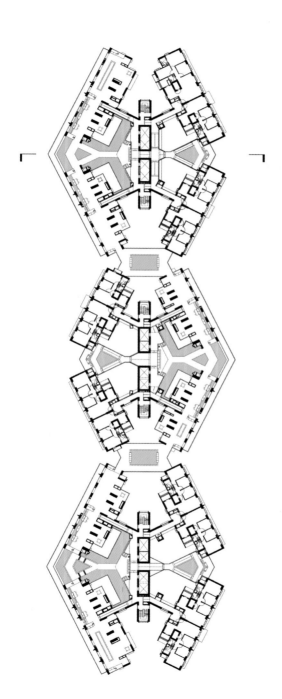

SKYVILLE @ DAWSON
PLAN-36TH STOREY

WOHA ARCHITECTS PTE LTD

图4-46　杜生庄平面图——36层平面图

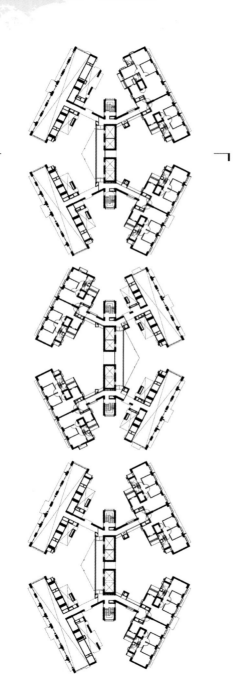

SKYVILLE @ DAWSON
PLAN–37TH STOREY

WOHA ARCHITECTS PTE LTD

图4-47　杜生庄平面图——37层平面图

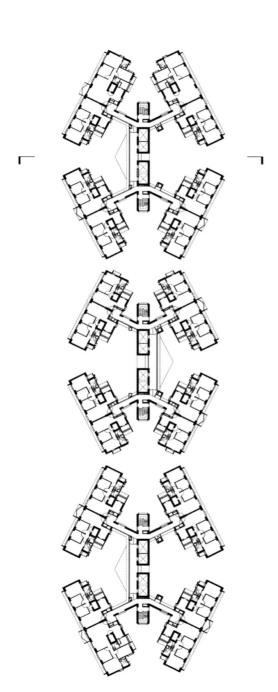

SKYVILLE @ DAWSON
PLAN-38TH-46TH STOREY

0　　10　　　　　　　　　　　50m

WOHA ARCHITECTS PTE LTD

图4-48　杜圭庄平面图——38-46层平面图

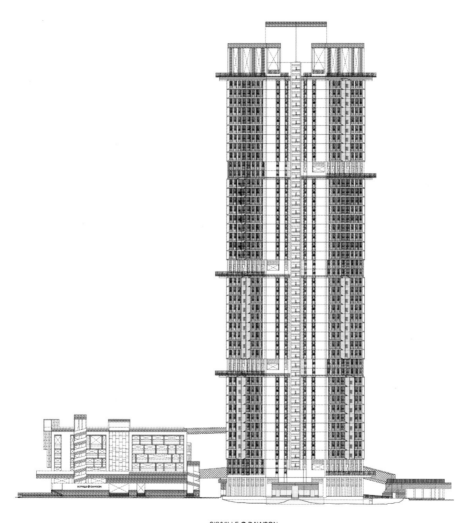

SKYVILLE @ DAWSON

EAST ELEVATION

0 10　　　　　50m

1：800

WOHA DESIGNS PTE LTD / WOHA ARCHITECTS PTE LTD

a. 杜生庄东立面图

图4-49　杜生庄立面图

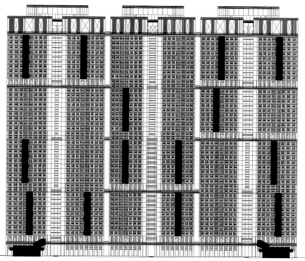

SKYVILLE @ DAWSON

NORTH ELEVATION

0 10   50m

1:800

WOHA DESIGNS PTE LTD / WOHA ARCHITECTS PTE LTD

b. 杜生庄北立面图

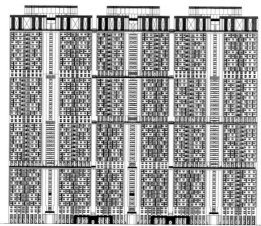

SKYVILLE @ DAWSON

SOUTH ELEVATION

0 10   50m

1:800

WOHA DESIGNS PTE LTD / WOHA ARCHITECTS PTE LTD

c. 杜生庄南立面图

图4-49 杜生庄立面图

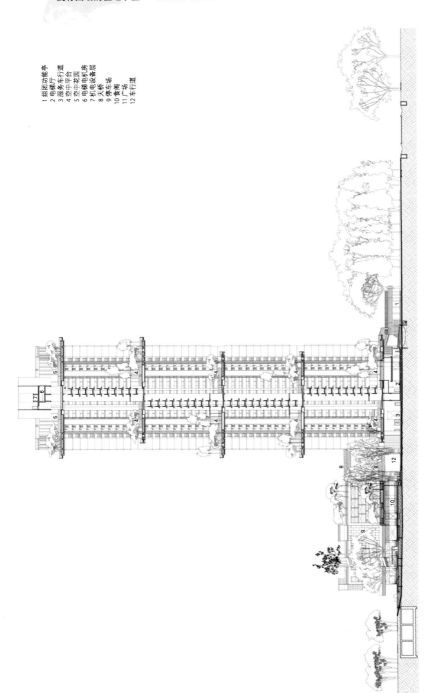

1 组团功能亭
2 电梯厅
3 服务车行道
4 空中平台
5 空中花园
6 电梯电机房
7 机电设备层
8 天桥
9 停车场
10 食阁
11 广场
12 车行道

SKYVILLE @ DAWSON
SECTIONBI
0 10   50m
1：800

WOHA DESIGNS PTE LTE / WOHA ARCHITECTS PTE LTD
©WOHA Pte Ltd 2007. All rights reserved.

图4-50　杜生庄剖面图

图4-51　住宅楼全景之一
（Partick Bingham-Hall　摄）

图4-52 住宅楼全景之二（Partick Bingham-Hall 摄）

2）临街界面处理

项目主要临街界面为位于其东侧的杜生路（Dawson Road），其对面为同期开发的另一个示范住宅项目Skyterrace@dawson。项目通过正式的入口设计，提供了如同高档公寓的落车到达体验，落车后通过入口大厅进入入口广场。标志墙结合壁画设计，体现杜生区域的历史，该壁画主题贯穿整个设计，沿廊道等重复体现（图4-53、图4-54）。

图4-53 临街界面（Partick Bingham-Hall 摄）

图4-54　主入口　（王春能　摄）

3）交通流线

项目采用了单侧停车楼的方式解决停车问题，在停车楼和住宅楼间形成一条主车行道，解决主要交通问题（图4-55）。在布局上整体让人联想到新加坡传统店屋的布局，新加坡传统店屋后侧为与另一排店屋共用的后巷，后巷主要装卸货物，供店员、佣人等出入，店屋后立面有特色显著的小型旋转楼梯，店屋前面为店铺正立面，店铺前为骑楼形成的连廊。该项目车行道连接各住宅入口及停车场，为消防和主要装卸通道，停车楼里面的旋转楼梯形似店屋后巷的小型楼梯，又如同早期信托局（SIT）在女皇镇建设的公共住宅所采用的旋转楼梯，不管是否设计有意为之，都可以作为一个符号联系场地历史和记忆。

图4-55　主车行道（王春能　摄）

4）地面景观

　　项目北部为公共花园，花园整体布局延续住宅楼菱形的设计语言，气氛自然舒缓，充分面向北面的森林景观，以大面积葱绿为背景，适量添加略有色彩的观赏草和彩叶树等，营造自然而有序的现代景观。

主要功能空间划分为儿童活动场、主功能亭、多功能草坪、羽毛球场和展示区。

（1）主功能亭

与其他的组屋不同，该项目中组团主功能亭并不是在后期景观设计中作为一般的附属设施添加入场地的，而是在前期建筑设计中作为社区构建理念的一部分进行精心布局，并作为建筑的一部分加以设计。平面为两个六角形，立面采用动态的线条，与整体建筑语言保持一致，简洁现代（图4-56、图4-57）。

图4-56 从多功能厅看向公共花园（王春能 摄）

图4-57 组团多功能亭（王春能 摄）

（2）儿童活动场及健身活动区

连接主要入口的两处菱形场地，采用圆形元素形成两处儿童活动场及健身区，并巧妙地保留了场地原有的大树，为场地提供遮阴，提高了居民活动的舒适性，也保留了场地的记忆（图4-58、图4-59）。

图4-58　健身区（王春能　摄）

图4-59　儿童活动场（王春能　摄）

（3）雨水花园

项目包含了150m²的雨水花园，可以在降雨时形成湿地，减少径流峰值增加对排水系统的压力，并对60%铺装地面的排水进行收集和净化，以保证雨水在进入雨洪系统和渗透到土壤前经过了植物等的过滤，提高生态安全性（图4-60）。

图4-60　雨水花园（王春能　摄）

（4）架空层

项目利用架空区域营造社区交流空间，将面向花园的灰色空间设计成半户外客厅，利用低垂的吊灯将高挑的空间降低到人性高度，采光板百叶保证通风阴凉的环境（图4-61）。

图4-61　架空层（王春能　摄）

5）屋顶花园

多层停车楼的屋顶花园采用空中连桥与住宅相连，划分为静态活动区和动态活动区，静态活动区以种植池围合休息区，结合休息亭形成户外和半户外结合的休闲空间。在动态活动区，采用与地面活动场统一的圆形元素，设计活泼自然。在南侧采用多个瞭望亭，将人的视线引向周围的景观，互不干扰，各自保持私密性（图4-62～图4-64）。

图4-62　屋顶花园鸟瞰（Partick Bingham-Hall　摄）

图4-63　休息亭（王春能　摄）

图4-64　儿童活动场（王春能　摄）

6）空中景观平台

项目的空中平台是整体社区环境营造的重要部分，通过景观平台将周边的景观充分引入项目，使居民可以享受绿色自然的拥抱，同时营造了"天空村"的公共交流空间（图4-65~图4-70）。

图4-65　空中景观平台之一（Partick Bingham-Hall　摄）

图4-66　空中景观平台之二（Partick Bingham-Hall　摄）

图4-67 空中景观平台之三
（Partick Bingham-Hall 摄）

图4-68 空中景观平台之四（Partick Bingham-Hall 摄）

图4-69　空中景观平台之五（Partick Bingham-Hall　摄）

图4-70 空中景观平台之六（Partick Bingham-Hall 摄）

参考文献

[1] 郭静，郭莴．住区环境的功能性设计—新加坡人性化居住环境的启示 [J]．四川建筑，2009，5: 34-36.

[2] 韩瑞光．人性化的新加坡居住及环境景观规划 [J]．中国园林，2007，10: 43-46.

[3] 胡昊．从榜鹅镇看新加坡二十一世纪新镇建设 [J]．小城镇建设，2002，2: 74-76.

[4] 胡希荣．新加坡新镇的规划、建设与管理 [J]．小城镇建设，2002，2: 71-7320.

[5] 新加坡市镇理事会官方网站 http://www.towncouncils.sg/index.html.

[6] Edmund Waller. 2001,landscape planning in singapore, Singapore University Press.

[7] Housing & Development Board.HDB Landscape Guide, 2013.

[8] Singapore's Public Housing Story. MND Auditorium Singapore, 21 March 2013.http://www.clc.gov.sg/documents/Lectures/2013/DrLiureport.pdf.

[9] Surbana International Consultants. Housing people: affordable housing solutions for the 21st century, 2012.

[10] Teo Siew Eng. New towns planning and development in Singapore. Third World Planning Review, 8，3: 251-271，1986.